糀入門

THE KOJI

女将が伝える糀生活

明治元年創業
山崎糀屋 6代目
山崎京子

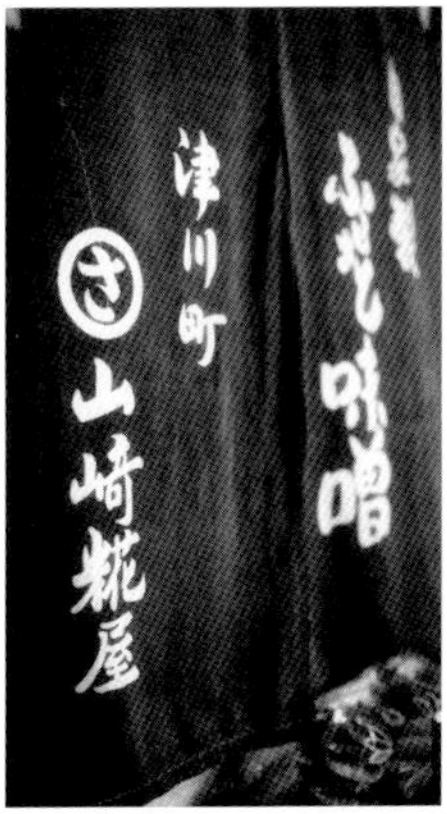
津川町
山崎糀屋

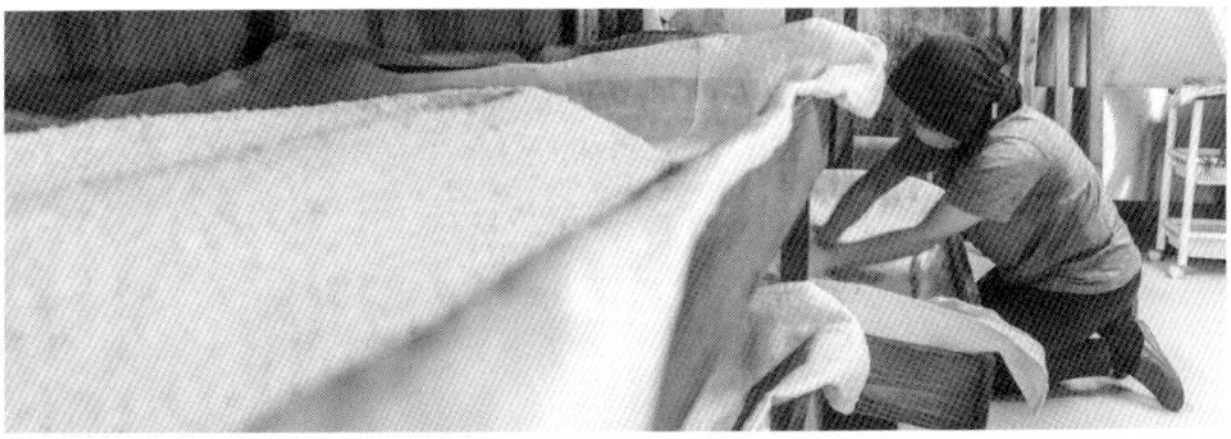

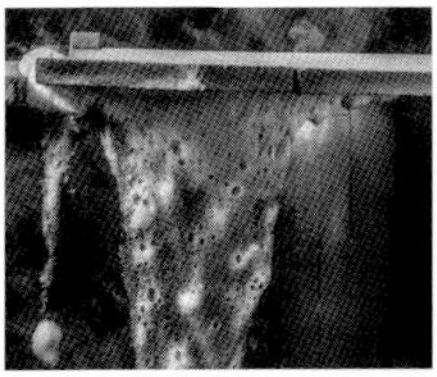

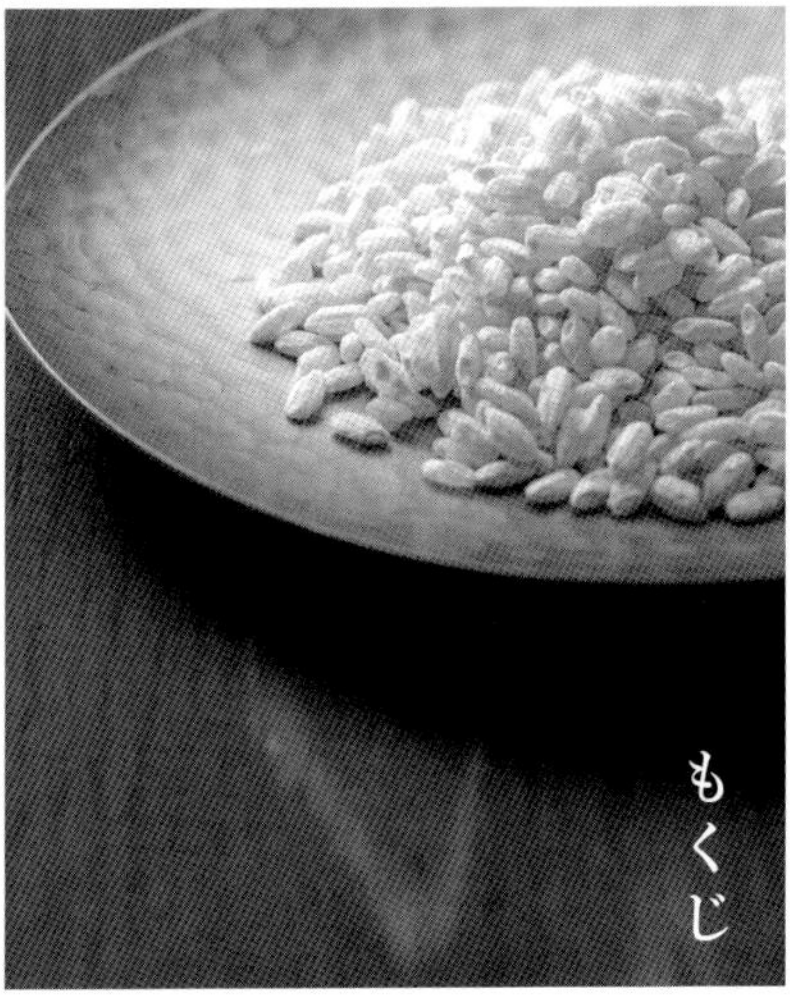

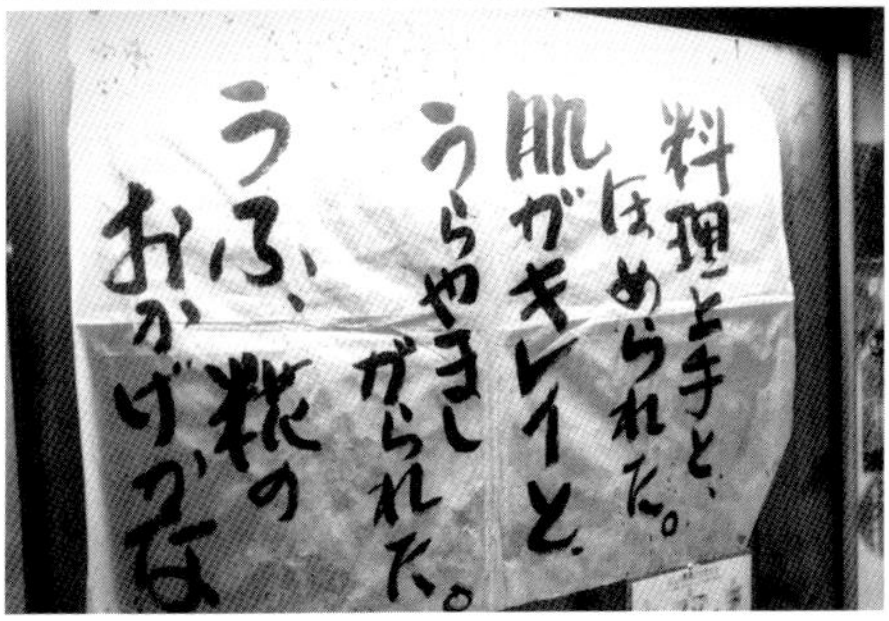
料理上手と、
ほめられた。
肌がキレイと、
うらやましがられた。
うふ、糀の
おかげかな

もくじ

超多機能食品・味噌

山﨑糀屋のこと

私について

糀をはじめる

糀を探す

津川名産
ふると漬

阿賀の伝統食
みがき
にしんの糀漬

糀の基本

糀の基本

世界に認められた和食

若い方々も、「こうじ」について耳にする機会が増えたのではありませんか。
「和食」がユネスコ無形文化遺産に登録されたことにより、ブームを超えて世界的にリスペクトを受け、次第に日本独自の「発酵食文化」にも大きな関心が集まるようになりました。

この本の主役である「糀《こうじ》」のことをどこから話そうと思いましたが「糀は米にこうじ菌=カビを培養させてつくられる発酵食品です」というところからお話しします。

「こうじ」と「糀」

穀物にこうじ菌を培養させて発酵食品、発酵調味料をつくるという「こうじ文化」は東アジアに広く分布しています。それぞれの国、地域において固有のこうじ文化があり、多くの場合は「酒」「酒づくり」と深く関わっています。

米を使うこうじ、麦を使うこうじ、大豆など豆を使うこうじ、コウリャンを使うこうじなど、細かく挙げればきりがありません。日本の食文化でいえば、広く使われている味噌《みそ》は米こうじ、愛知県などで食べられている豆味噌は大豆こうじ、醬油《しょうゆ》は一般的に麦こうじを使います。

そしてこの本の主役である「糀」は、漢字の構成を見ても分かる通り、米を使ったこうじにあてられる名称です。

日本のこうじは他のアジア各国のこうじと比べて、決定的な違いがあります。他の国々、地域では穀物を粉砕して粉にし、それを練って固めた「餅《もち》」のようなものをつくって、それにこうじ菌や酵母、乳酸菌などを繁殖させる「餅こうじ」を使います。これに対し、粒の米一つひとつにこうじ菌を繁殖させ、粒のまま使う「散《ばら》こうじ」は日本特有のものであり、この島国で発達してきたこうじで、四季が明確な日本の風土に合った製法といえるでしょう。

私は「こうじ」と書くとき、常に「糀」という漢字を使います。山崎糀屋で扱うものが「米こうじ」だというのも理由ですが、何より本来はカビであるはずのこうじ菌が「米の花」だなんて、すてきだと思いませんか。

日本の国菌「こうじ菌」

こうじ菌が日本の「国菌」に指定されているのをご存じでしたか？　鳥や花と同じように、国の菌があるというのにも驚きですが、それだけ和食文化において、果たしてきた役割が大きいということなのです。味噌、漬物、日本酒、本みりん、酢などの醸造、塩こうじ…日本の食文化はこうじがつくりだす「うまみ」を抜きには語れません。まさに国菌にふさわしい存在です。

日本におけるこうじについて最も古い記述は、奈良時代の書物だといわれています。しかし、これはあくまでも記録であり、こうじが伝来したのはもっと古く、弥生時代ともいわれています。穀物にカビをつけ、腐敗ではなく発酵に向かわせる。こうして培養されたこうじ菌が、食べ物を腐敗ではなく、発酵へと導くわけです。それにより、うまみや保存性、健康効果を生むなんて世紀の発見ですよね。それが現代まで脈々と伝わっている。この事実を若い人にもっと知ってもらいたいと思います。

発酵と腐敗の線引きは紙一重です。「この菌（微生物）が働く場合は発酵」「この菌が引き起こすのは腐敗」という線引きで分けられているわけではありません。同一の菌でも発酵と腐敗、両方を引き起こすケースがあるからです。また、同じ食べ物でも発酵する場合と腐敗する場合があります。発酵した後の食べ物が腐らないかといえば、腐って食べられなくなることも当然あります。

分かりやすく「人体に悪影響がある変化は腐敗」「悪影響がない変化（有益なもの）は発酵」という考え方で良いと思います。

糀甘酒は子どもも飲めるエナジードリンク

和食や発酵食品の中でも、特にこうじへの注目が高まった大きな理由の一つに「甘酒」ブームがあります。砂糖を一切使わずとも、米や糀の本来の甘味だけで、しっかり甘いのにあと口がスッキリ。夏は冷やして飲むとさわやかな涼味、冬はホットで飲むと、からだがポカポカ温まります。からだにすっと染み込むおいしさです。

ちなみに、甘酒に含まれる米由来の糖分はブドウ糖の他、天然のオリゴ糖。このオリゴ糖を餌にするのが腸内の善玉菌。餌が増えると善玉菌の数も増えますから、腸内環境が整えられていくわけです。

「甘酒は苦手」という人もたまにいらっしゃいますが、大抵の場合、その苦手とするものは、酒粕《さけかす》からつくった甘酒のことを指していることが多いように感じます。酒粕からつくった甘酒はアルコールが若干残るの

で、苦手な人は苦手かもしれません。栄養や機能も、残念ながら糀の甘酒に遠く及びません。

一方で、完全ノンアルコール・糀の甘酒には素晴らしい機能がありま す。昔から甘酒は「飲む点滴」といわれるほど、滋養強壮、体力補給、疲労回復に向いた飲み物とされています。

江戸時代、夏になると現れる「甘酒売り」は夏の風物詩とされていたそうです。そのため、俳句の世界で「甘酒」は夏の季語になっています。夏の暑い時季に甘酒で体力を回復するということが定着していたわけです。このように、食欲減退時にも体力補給に向くということで、産前産後の女性に甘酒を飲ませる習慣もありました。妊娠出産で酷使された母体に無理なく体力補給できるので、もってこいです。ノンアルコールで刺激もほとんどない自然食品なので、幼児から与えることもできます。世界一やさしいエネチャージに思えませんか。

もちろん糀の甘酒が体力補給、疲労回復に効果が認められるのにはちゃんとした理由があります。糀にはビタミンB群が豊富に含まれており、その代謝促進作用が疲労回復へ導くのです。また、ビタミンB群だけでなく、糀に含まれる酵素も代謝促進に影響を与えます。

甘酒は糀でつくりますが、一般的によく聞くのは、糀におかゆや冷や飯をまぜるつくりかた。これはかさ増しと甘み足しに使っているだけで、栄養価の高い生黄糀《なまきこうじ》であれば、糀と水（お湯）だけでつくることをおすすめします。

ご家庭で糀から甘酒をつくるのもかんたん。気をつけるのは温度だけです。64℃以上になると糀が死んでしまいますから、せっかくの機能も失われます。糀に水を足し、炊飯器の保温ボタンを押して一晩置く、この方法が一番失敗せずにできるでしょう。

甘酒の健康法やダイエットは数多く取り上げられ、書籍なども発行されています。甘酒の機能は、すなわち糀の機能に他なりません。糀の高い能力がうかがえますね。

塩糀は魔法の調味料

甘酒ブームは比較的耳に新しいのですが、糀といえば、塩糀も忘れてはいけません。

塩糀は元々、東北地方の郷土料理「三五八《さごはち》漬け」の漬け床として使われていたのが発祥といわれています。三五八漬けは、塩3：糀5：米8で合わせるのですが、塩糀は米を使わず、糀と塩だけで仕込みます。塩を加えることで腐敗を防ぎ、保存食になるという考えから生まれたのでしょうが、それだけでなく、糀を使うと料理や食材に素晴らしいうまみが加わります。まさに魔法の調味料です。

糀にはでんぷん（炭水化物）を糖に、タンパク質をアミノ酸に分解する酵素が含まれています。これは糀の健康機能にも大きな意味を持ちます。肉や魚、野菜などを塩糀に漬け込むことでやわらかくなり、さらに、それぞれの食材が有するでんぷんやタンパク質が分解され、新しいうまみに変わります。おまけに下味もつくので、とても重宝します。

つくった塩糀は密閉容器に入れておけば常温で保存がききますし、その間にもどんどん熟成が進みます。まろやかさは増して、うまみが増える状態です。好みもありますが、白からうっすら茶色がかったあめ色になると、塩糀は一層おいしくなっているはずです。

よくお客さまなどから「塩糀をどのように使えばよいのか」というご質問をいただきます。

難しく考えないでください。単純に、塩の代わりとして使えばよいのです。肉、魚、野菜を塩糀に漬け込む、炒飯、野菜炒めなど炒め物の味付けに。煮物の味付けとコク出しに、焼いた魚や肉に直接かけてもおいしく召し上がれます。普通の塩では出しにくい、熟成のうまみが加わりますよ。

旧会津地方に伝わる「にしん鉢」

私が住んでいる新潟県東蒲原郡阿賀町の津川は、かつて会津藩の領地だったため、福島県会津地方の食文化が色濃く残っています。

山﨑糀屋の商品の一つにもなっている「にしんの糀漬け」は津川の郷土料理ですが、県境を越えて福島県会津地方に入ると、ニシンは山椒《さんしょう》漬けとして親しまれています。この地方に古くから住んでいる家には、きっと今でも一家に一台、会津本郷焼を模した「にしん鉢」が伝わっていると思います。海のない会津地方の人々にとって、ニシンは貴重な海のタンパク源。江戸時代は北前船が北海道から運んだニシンを新潟で降ろし、次に阿賀野川の水運を使って会津の西の玄関口である津川の河湊《かわみなと》に運ばれました。その貴重なニシンを、保存食にして大事に食べたのです。糀の力でやわらかくなった「にしんの糀漬け」は、そのまま食べてもおいしいですが、少し炙っても香ばしく、酒の肴《さかな》になる山里のごちそうです。

牛乳で日本人の骨は強くなった？

骨折する子どもが増えた？骨がもろくなった理由を考える

「子どもの骨が弱くなった」という話がよく聞かれるようになりましたね。これは新聞やテレビ、ニュースなどでも多く報じられていて、転んだり、本当にちょっとしたことで骨折しやすいのだそうです。

昔の子どもは今の子どもよりもよっぽど粗野でやんちゃでしたが、それほどかんたんに骨は折れていなかったように思います。一体どうしたのでしょうか。

一方で体格は昔に比べて立派になっていますよね。今の子はみんな、すらっと背が高くて海外のモデルさんみたいです。でも骨がもろくなってしまっているのです。

子どもだけじゃない！骨粗しょう症のリスクとつながる食生活

ただ、こういう話は子どもに限ったことではなく、大人や高齢者に対してもいえることです。

「骨粗しょう症」という病気がありますよね。加齢とともに骨密度や強度が低下してしまう病気で、特に閉経後の女性が女性ホルモン欠乏の関係でかかりやすいといわれています。

この骨粗しょう症にしても、私の感覚では現代病、近代病の類です。昔も、全く無かったわけではないのでしょうが、私たちが若い頃、50年前はあまり耳にすることはありませんでした。

さらに驚愕の事実。皆さまはご存じでしょうか。骨粗しょう症の発生率は元々、日本よりも欧米の方が高いのです。牛乳、チーズなど乳製品を日常的に多くとる西洋人の方が、日本人より骨が弱いそうです。

糀が美と
健康を連れてくる

糀が美と健康を連れてくる

こうじの美肌効果

こうじの美肌効果は、甘酒ブームで定着しました。「酒蔵で働く人たちは、こうじを扱うから肌がきれい」なんていわれますが、これはある意味正解だと思います。

私がおすすめする、糀の成分が溶け出した「糀水《こうじすい》」の特長や活用法は後段で触れますが、私はこの「生きた」糀を使った「糀水」が、腸内環境を整えてくれる最高の腸活ドリンクと考えています。飲んでからだにとり入れ、腸で吸収し作用する、というのは理屈で分かると思います。しかし、この糀水は肌にさっと塗るとスーッと染み込んで、たちまちつるつるになってしまう、天然素材の化粧水でもあるのです。うそだと思ったら、ぜひ試してみてください（※必ずパッチテストを行い、万が一、赤みやかゆみが出たら、直ちに使用を中止してください）。

なぜ糀水を塗ると肌がつるつるになるのか。そのメカニズムについては、まだ立証されるほどの材料がありませんが、私の

糀の美肌効果はワークショップでも人気の話題

セミナーに来た方や山﨑糀屋のお客さまに糀水を試してもらうと、その効果に皆さんから「すごい！」と声が上がります。そういう点から、日常の業務でこうじを触っている酒蔵の方々が美肌になるということには信ぴょう性があると思っています。

最近はこうじの成分を利用した化粧品も開発されていますね。こうじには、基本的に肌にダメージを与えるようなものが含まれていないので、良いかもしれません。私も化粧水は糀水だけで足りています。

実際、肌のコンディションと腸の関係は密接です。

「便秘になると肌が荒れる」というのは、経験のある方ならご存じかと思います。腸内に宿便がたまると、からだのさまざまな場所に悪影響を及ぼします。例えば、腸内の悪玉菌がいわゆる腐敗物質をつくりだすことなどが原因となり、結果的にからだの代謝機能が低下して、肌荒れが起きるなどです。

「肌を整えるには、腸を整える」これ鉄則。からだの中から美しくなっ

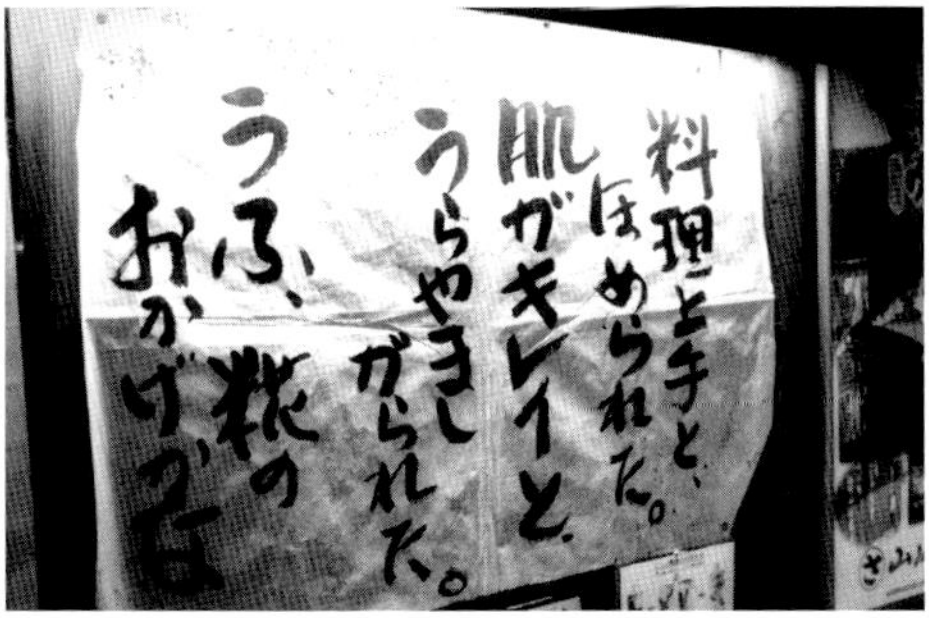
料理上手と、
ほめられた。
肌がキレイと、
うらやましがられた。
うふ、糀の
おかげっ

ていくのが理想ですよ。

糀にはビタミンB群が豊富に含まれているため、代謝を促します。また、腸内細菌の中の善玉菌を増やす（善玉菌の餌になる）オリゴ糖を多く含みます。さらに、糀に乳酸菌が含まれる場合には、生きたまま腸に届いて、腸の働きを整えることも期待されます。

大事なのは「生きた糀」をとること。「生きた糀」とは、糀に含まれる酵素やこうじ菌が生きているということです。美容だけでなく、糀にまつわる全てにおいて重要なことです。

糀でダイエットができる？

「糀で痩《や》せる」って本当？

この質問は本当に多いです。最近、糀由来のダイエットサプリメントをよく見かけることもあり、あまり糀を知らない人にも「糀はダイエット効果がある」というイメージが定着しているのだと思います。

結論からいえば、糀はダイエットの強い味方になります。

糀には消化を助け、腸内環境を整える作用があるといわれています。ご存じの通り、便秘は痩せたい人の天敵ですから、腸内環境が改善され、便秘が解消すれば痩せられるというのは自明の理といえます。

ダイエットにはいくつかルートがあります。例えば、有酸素運動などで脂肪を燃焼させるルート。または、腸活をして、消化吸収や代謝機能を調節するルートなどです。糀のサポートが強く影響するのは後者で、

糀が豊富に含むタンパク質分解酵素などの酵素の存在が鍵となるのです。糀のサポートにより動物性タンパク質が分解され、アミノ酸に変わります。このアミノ酸の中には脂肪の代謝を調節して脂肪燃焼を助けるものも含まれています。

積極的に糀をとるダイエットは、健康的に無理なく取り組むことができるので理想的に思えますが、難点をいえば「続きにくいこと」ではないでしょうか。確かに全ての食事から糀をとるというのは、普通に生活していると難しいかもしれません。家で糀中心のメニューを常に考えて調理していくのも大変だし、外食の機会もあるでしょう。

そこで、おすすめしているのが「糀水」です。これは糀を不織布に詰めて8時間漬けた水のことです。水に浸けることで、糀に含まれるビタミンB群などの栄養素や酵素、場合によって乳酸菌などの成分が溶けだします。かんたんにつくれますし、携帯すれば、いつでも糀の良さを取り入れることができます。

糀水で「からだを整える」

「血糖値、尿酸値など、健康診断で問題だった数値が改善した」

「最大１８２㎜Hgあった血圧が、飲みはじめて３カ月で１４６㎜Hgまで下がった」

「飲みはじめて１年で、12kgも体重が減った」

「花粉症が治った」

「アトピーが治った」

「リウマチの痛みがとれた」

これらは、糀水を習慣的にとるようになった方々から、私に寄せられたご報告です。皆さん、山﨑糀屋の生黄糀でつくった糀水をご使用されています。

糀水は薬機法で認可された医薬品ではないので、「〇〇に効く」とい

う表現を使うことはできません。しかし、糀とこれらの症例との因果関係は確かに存在すると思っています。糀に関する研究が進めば、次第に明らかになっていくことでしょう。

糀水には、糀が持つビタミン、ミネラルなどの栄養素や酵素などの成分が溶けており、飲むと成分が腸まで届き、糀に乳酸菌が含まれる場合には、それらが生きたまま腸に届く可能性も期待できます。かんたんにつくれる上、味もほんのり甘くておいしいので、ぜひ実践してください。一日に摂取する量の目安は500㎖です。糀水を携帯し、水代わりに飲むこと。これを続けてみましょう。

糀水によって腸が整えられれば、少なからずの変化が訪れるはずです。さまざまな病原菌に対して、抵抗力となる「免疫」に影響力を持つのが腸。「脳腸相関」といって、脳と腸が互いに影響を及ぼし合っていることも知られています。

免疫は腸に宿る

「腸の働きを整える、腸内環境を整えることが、あらゆる健康の源《みなもと》」という考え方を最近頻繁に耳にするようになりました。私は経験からそのように考えていましたが、一般的にもそういわれるようになったことはうれしく、「日本の健康産業も、ようやくここまでたどり着いた」という印象を持ちました。

腸は口から入った食物の栄養や水分が体内に吸収される、いわば「からだの外側」の物質を「からだの内側」に取り込むための器官といえます。それだけに、外部から毒素や病原菌が入りやすく、リスクが高いわけです。また、血管を通じて体内に吸収するわけですから、大変重要な存在です。

人間のからだというのは大したものですね。危険にさらされやすい腸を外敵から守るため、外敵と戦う「兵隊」を腸に集結させています。この「兵隊」こそ「免疫」です。ヒトの免疫細胞や抗体の60％以上が、腸内の免疫器官として知られるパイエル板という場所に存在し、腸の活動が活発であれば、免疫細胞は存分に戦えるわけです。つまり、私たちがすべきは、腸の環境を整えて、免疫細胞に存分に力を発揮してもらうことなのです。

新型コロナウイルスが蔓延《まん》し、世界中がパニックに陥ってから、もうすぐ2年になります。このコロナ禍でとにかく耳にするのが「免疫力」という言葉です。「免疫力」を上げることが、ウイルスに抗う力だと理解されています。「免疫力」という言葉を売り文句にした健康関連食品も多く出回っていますね。

「腸内環境を整える＝免疫力アップ」という考え方は、今や常識。私も的を射ていると思います。

そこで、ますますクローズアップされるのが糀の存在です。

糀と酵素

「こうじには消化を助ける効果がある」

これは明治時代に、高峰譲吉博士が世界初の微生物酵素製剤「タカジアスターゼ」を開発する基礎となった考え方です。消化が促進されるのは腸内環境の整備があってこそ。消化不良で体内に宿便が残ると、そこから毒素が発生し、からだにさまざまな害をもたらしますが、それ以前に「便秘にならない腸」＝「整った腸」を保つことが免疫力アップにつながります。いかに腸を健康に保つことが重要なのか、お分かりでしょう。そして糀は、その整腸作用が備わっている特別な食材でもあります。

では、糀の何が腸を整えるのか。前段でもお話ししましたが、まず糀に含まれるオリゴ糖が腸内の善玉菌を増やします。また、植物性乳酸菌は腸にすみ着くといわれていますので、糀に乳酸菌が含まれる場合、それらが生きたまま腸に届き、善玉菌として働く可能性も考えられます。

さらに重要なのは、糀に含まれる酵素が消化を促進して腸の働きを適正化する点です。糀に含まれるこうじ菌がつくりだす酵素、アミラーゼがでんぷん（炭水化物）を分解して糖に変化させ、プロテアーゼがタンパク質を分解し、アミノ酸に変化させることによって、消化しにくい二つの物質を吸収しやすい状態にします。だから消化が良くなるわけです。

高峰博士の「タカジアスターゼ」は、こうじ菌の酵素を利用した薬品です。「糀で消化が良くなる」は「便秘を解消する」につながり「腸内環境が整って免疫力アップ」となるのです。

「腸を整えるから、糀は素晴らしい」というのは、幼稚に聞こえるかもしれませんが、ものすごく重要なポイントです。その重要な役目を担っているのが、糀に含まれる酵素というわけです。

コラム

昔の食べ物　生きた食べ物

2 アレルギーに悩まされる現代人

食とからだのつながり アレルギーとアトピー

昔と現在を比較するのであれば、アレルギーはどうでしょうか。もちろんゼロではなかったでしょう。しかし、現代のように大多数の人が何らかのアレルギーにより、生活そのものを制限されているような状況はとても考えられませんでした。

例えば、春や秋の花粉症。もちろん昔からスギの木はありましたし、杉花粉は飛んでいたのでしょう。最近あまりにも多くの人が悩まされているため、季語の一つみたいな扱われ方ですが、かつてはここまで話題になるほどではありませんでした。

そして、アトピー性皮膚炎。アトピーに悩まされる子どもがあまりにも多く、大人になっても治らない人もいます。これも50年前はそれほど聞かなかったように思います。

先進国で増える 食物アレルギー

また「そばアレルギー」「小麦アレルギー」「魚介アレルギー」などの食物アレルギー。

特定の食材に対し、からだが反応し、発作や呼吸困難を招いたりするこれらのアレルギーも、私たちの子ども時代はあまり聞くことはありませんでした。

当時は、それほど社会が豊かではなかったので、「食べられるだけで良し」とする時代背景のせいもあるかもしれません。

しかし、最近では学校給食をはじめ、ご家庭などでご苦労なさっていると聞くことが増えたように感じています。

昔、日本人が置かれた環境に適した食材を取り、日本に根差した食文化を守っていたこと。それが、私たちに一つの「気づき」を与えてくれると思いませんか。

からだと糀・発酵食

〈新潟薬科大学との共同研究〉

からだと糀・発酵食
〈新潟薬科大学との共同研究〉

発酵食品が解明されるのは「これから」

山崎糀屋で生黄糀をお買い上げいただき、糀や糀水による腸活を実践してきたお客さまから「○○が改善した」や「○○の数値が良くなった」などの報告を数多く寄せられていたので、私としては「糀の健康機能はやっぱり本物なのだ」と確信するところがありました。

しかし現段階では、そのほとんどが、あくまでエビデンスのない「仮説」でしかないというのも現実です。素晴らしい可能性を持っていることには違いないのですが、解明されていない部分があまりにも多いのです。一方で「効果効能に結び付く働きがない」と証明されていない以上、可能性は可能性として残ると私は思うのです。

これは糀だけでなく、発酵食品全般にいえることだと思います。人々の健康向上に関して、多くの報告があがっている一方で、科学的に解明されていることはほんの一握りです。

しかし近年、発酵食品の人体への可能性が一つ、また一つと解明されています。私が特に注目したのは「カマンベールチーズの摂取が認知症リスクを低下させる」という研究結果です。これは2019年に発表された研究結果ですが、私がこのニュースに目を奪われた理由は、カマンベールチーズの白カビとそっくりなものが、日本伝統の発酵食品である「味噌」をつくる過程で発生することを知っていたからです。

味噌は発酵が進む過程で、表面に白カビのようなものがうっすらと発生します。伝統的な製法では、これを一緒にまぜ込んで味噌をかきまぜ、再び熟成させます。

この白いカビのようなものは、すくって食べると、まるでチーズのような味がします。仕込み体験に来られたお客さまにも食べてもらったことがありますが「チーズみたい！」とみんなびっくりされていました。

「西洋の乳製品に認知症の予防効果が発見されたなら、日本の伝統的な発酵食である味噌にもあるに違いない」私の中でそんな思いが大きくなりました。

そこで、行政機関に駆け込み「味噌による認知症リスク低下効果の研究を後押ししてもらえないか」相談しました。しかし、色よい返事はもらえませんでした。「味噌の表面に出る白カビとカマンベールチーズの白カビは別物だから」という見解でした。

こういった例も含めて、日本の発酵食品、特に糀に対する具体的な健康機能のエビデンスは、とても少ないのです。日本にも同じような事例があるのに、残念でなりません。

新潟薬科大学

抗酸化力は米の10倍以上

数年前まで、エビデンスがとれている糀の健康効果は「消化を助ける効果がある」というものが唯一（といって良いほど）でした。他にも血圧上昇抑制効果、中性脂肪低減効果については、現象論として学会報告されていましたが、そのメカニズムについては解明されていません。

「こうじに消化を助ける効果がある」という発見は明治時代にまでさかのぼります。前段でもお話ししましたが、こうじ菌がつくりだす分解酵素がでんぷん（炭水化物）を分解し、糖化する働きがあるという高峰譲吉博士の発見がそれです。この発見をもとに「タカジアスターゼ」という消化薬がこうじ菌からつくられています。これ自体も大きな意味を持つ発見ですし、このタカジアスターゼは、現在も胃腸薬などに利用されています。

ただ、糀の素晴らしさを身をもって知る私にとって、糀がもたらす機能がほんの一部しか証明されていないのは、もったいないと思えて仕方ありません。エビデンスさえあれば、発酵食にもっと注目が集まり、ひいては、この素晴らしい文化を積極的に次世代へと伝えていこうという機運が高まると思うのです。

そんな時、新潟の地方銀行が設立した産学連携室のことを知りました。糀の健康効果について、一つでも新しいことを証明したい、そう思った私はこの産学連携に応募しました。２０１６年のことです。

そこで手を挙げていただいたのが、新潟薬科大学応用生命科学部・重松亨教授の食品・発酵工学研究室（発酵醸造研究ユニット）です。

きっかけは、同研究室の学生がアトピー性の肌荒れに悩まされており、たまたま山﨑糀屋の生黄糀を使った糀水を愛用していたことでした。

山﨑糀屋の生黄糀を含む市販の2種類の糀と、その原料である米を比較した試験管内実験が行われました。

その結果、米にこうじ菌を培養させて糀にすることで、高い抗酸化力を持つようになること、体内で悪さをするがんの原因にもなる、活性酸素を除去する力が備わっていることが明らかになったのです。その抗酸化力は、なんと米の10倍以上を示しました。

また、抗酸化力を持つフェノール化合物の含有量も増加しただけでなく、米が糀になることで、10種類以上の新たなフェノール化合物が検出されたのです。

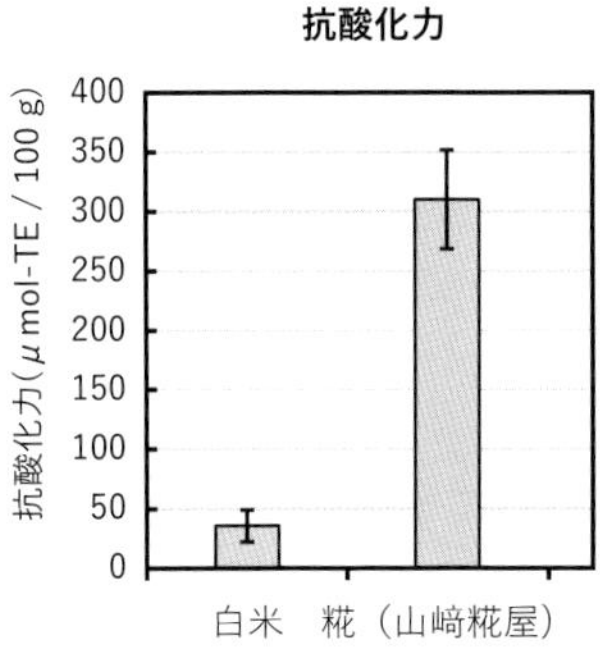

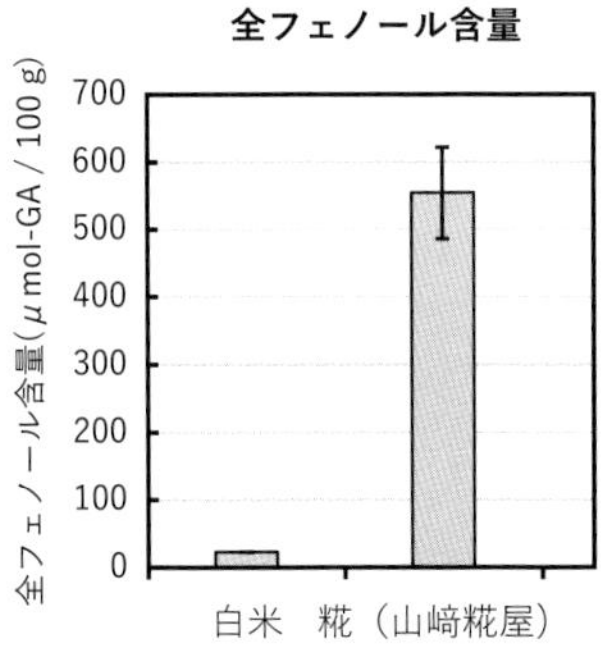

白米と糀の抗酸化力および全フェノール含量

白米、糀の水抽出液を用いて測定した。抗酸化物質はトロロックスを、全フェノール含量は没食子酸をそれぞれ標準物質とした当量で示した。（分析：新潟薬科大学 食品・発酵工学研究室）

糀と抗がん作用

こうした糀の未知の力は、非常にスケールの大きな話だと思います。現に、私のもとに報告された内容として、糀水を飲み続けて大腸がんが完治した、乳がんが治ったという例もあります。もちろん、糀が理由と特定できない以上、糀はがんに効くという書き方はできませんが、現段階の科学で立証されていないということは、逆に言えば、可能性がゼロではないということにもなります。

今回、共同研究に取り組んでいただいた新潟薬科大学・重松亨教授も「糀ががんに効くと一足飛びに断定することはできませんが、その可能性は捨てきれない」と話されました。

重松教授は2008年に、九州で製造される焼酎の蒸留残渣、いわゆる焼酎粕の有効利用を模索し、その健康機能について実験を行いました。

試験管実験の結果、焼酎粕とそれを原料とする醸造酢に、抗酸化力と高血圧抑制作用が認められました。加えて、マウス実験では、がん細胞増殖抑制作用、免疫活性化作用が認められたのです。それまで産業廃棄物だった焼酎粕に、がん細胞を抑制する力があったのです。

ここまでの説明で気づかれた方もいると思います。米焼酎は日本酒と同じように、原料にこうじ菌が使われます。

重松先生が「糀ががんに効くという説は、あながち捨てきれない」とするのは、こうした研究実績があった上でのことです。

糀のポテンシャルに、科学的な説明が追いついていない現状です。私はますます、糀の秘める能力に確信を持ちました。

コラム

昔の食べ物
生きた食べ物

からだは食でつくられる

3

食習慣の変化がもたらしたもの

気になるといえば、がんの発症種別も昔は胃がんがトップでしたが、近年は大腸がんが多くなっています。その意味では大腸がんも、現代病のようなものかもしれません。

医療の進化は日進月歩。おかげで、昔は不治の病といわれていた病気が治るようになった例も数多くあります。

それなのになぜ、新たな病気が出てくるのでしょうか。

「昔の方が良かったという話ばかりするな。江戸時代は平均寿命が50歳くらいだったじゃないか」といわれそうですが、平均寿命が伸びているのは、乳幼児の死亡件数が医学の進歩で格段に減ったためとも考えられます。

日本人のからだは昔より弱くなった？

そう考えると、極論かもしれませんが「日本人のからだは昔より弱くなっている」と考えざるを得ません。医療技術や栄養学が進化しているにもかかわらずです。

なぜなのか？

私は、日本人の食習慣の変化、日本人の食べる物が変わったことに答えがあると思っています。

日本人の食習慣は「西洋化」しています。例えば、高い頻度の肉食と乳製品をとること。日本人のからだのつくり、特に腸のつくりは、これらを消化吸収することに適していたのでしょうか。もちろん乳製品、肉などの欧米食文化の全てを否定するつもりはありません。ただ「日本人のからだをつくってきた」食がどういうものだったかを忘れないで欲しいのです。

からだは食でつくられる、私はそう考えています。

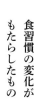

超多機能食品・味噌

超多機能食品・味噌

味噌は医者いらず

「日本の食文化は味噌の文化」といっても過言でないと私は思います。西洋料理でいえば、ワインやチーズのような存在感。味噌は元々、大陸から伝来した食べ物ですが、同じように味噌が食べられていた韓国、中国と比べて、日本の味噌文化は独創性や豊かさにおいて、圧倒的であると思っています。

日本の味噌、ここでは米こうじを使う米味噌、特に天然醸造（添加物を一切使わず、加熱による熟成促進を行わない醸造法）の味噌についてお話しします。

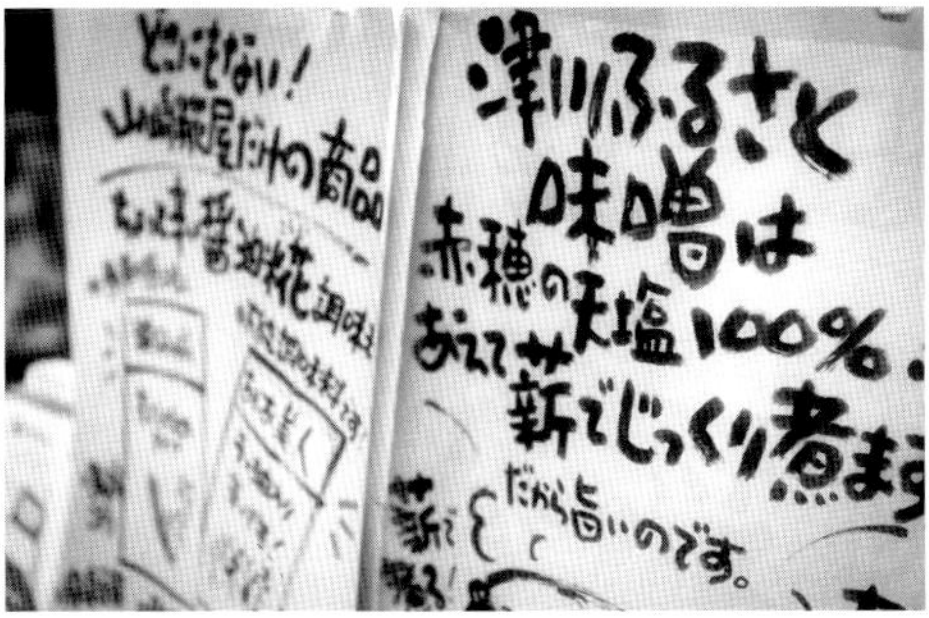

日本には米味噌の他に、使用するこうじの種類によって、麦味噌（麦こうじを使うもの）、豆味噌（大豆こうじを使うもの）があります。日本食は「米味噌とともに歩んできた」といって間違いないでしょう。

私がなぜ、日本食における味噌の存在感をことさらに強調したいのか。それは味覚的な優秀さだけでなく、他の調味料にはない優れた健康機能が備わっているからです。

米味噌が書物に記録として登場するのは平安時代といわれていますが、当時の日本人がよくこんな超多機能食品を生み出したものだと感心します。

「味噌は医者いらず」「味噌は薬いらず」という言葉が言い伝えられています。熟成した味噌を食べていると、病気にならないという例えですが、決してオーバーな話ではないと思います。熟成が大事なので「味噌は3年ふたを開けるな」ともいわれています。3年どころか、5年、10年、

20年という長期熟成も珍しくありません。これぞ「生きた食べ物」の真骨頂。何年間も常温保存で熟成・発酵を続けるのだから、日本の自然食はすごい。昔の日本人は、このように貴重な「長期熟成味噌」を、まるで家宝のように各家庭で貯蔵していました。「味噌蔵」という言葉がありますが、これは各家庭で味噌が「財産」そのものだった名残ともいわれます。

こうした3年以上の長熟味噌は、なぜからだに良く、医者いらずといわれるのでしょうか。

味噌は熟成が進むと赤褐色を帯び、さらに時間が経つと黒色に変化します。味噌が含む糖とアミノ酸が反応することで起こるこの現象を「メイラード反応」といい、褐色に変化してできる物質を「メラノイジン」といいます。糖とアミノ酸の反応と書きましたが、これは、炭水化物が分解されてできる糖、タンパク質が分解されてできるアミノ酸のことで、いずれも分解酵素を含むこうじ菌の活躍によるものだということを付け加えておきます。

話を戻して、このメラノイジンに近年、素晴らしい健康機能があることが発見されています。それは、非常に強力な「抗酸化力」です。前段でもお話ししましたが、体内であらゆる悪さをする活性酸素を除去する力で、長期熟成の味噌は大豆の数倍にあたる抗酸化力を備えています。

さらにメラノイジンには、がんのリスクを抑制する効果や糖尿病、認知症予防につながる力がある可能性も期待されています。長期熟成で炭のように黒くなった味噌が、薬のようにいわれるのも納得がいきます。

ですので、健康を考えるのであれば、味噌は最低でも1年以上は熟成してください。それも、ちゃんと「生きたまま」の、加熱せず常温で発酵・熟成が進んでいるものを。大量生産や流通のため、高温でつくられた味噌は微生物の活動がすでに止まっています。

大量生産品は密閉されたパックの容器に入っていますよね。生きることをやめた食べ物は「呼吸」をする必要がないからです。

糀＋大豆が生む、健康と美

長期熟成により発生するメラノイジンの効果は絶大ですが、味噌は元々、糀と大豆、塩をまぜてつくられるもの。健康機能の高い二つの食材が共生し、なおかつ発酵の力が加わるのですから、これをとることによって、健康と若さの維持につながるのはお分かりですね。

味噌には、からだに必要な9種類の必須アミノ酸が含まれています。これも糀と大豆というスーパーフードのたまものです。

よく知られるところでいえば、大豆には抗酸化物質の一つ、大豆イソフラボンが含まれています。女性ホルモン「エストロゲン」に分子構造が似ており、このエストロゲンはいわば「女性が女性らしくあるために」必要な働きをするホルモンです。肌のハリとみずみずしさを保ち、生理周期を安定させ、髪にハリやツヤを与え、自律神経を整えるなど、挙げ

ればきりがありません。しかし、残念ながら加齢とともに減少します。

このエストロゲンの減少によって引き起こされるトラブルの一つが、更年期障害です。大豆イソフラボンを補給することで、更年期障害の予防につながるといわれますし、アンチエイジング効果も期待できます。

また、大豆に純度の高い植物性コラーゲンが含まれているのも、お肌にとって喜ばしいこと。味噌をつくるため大豆を煮ますが、その煮汁を手にさっと塗ると驚かれると思います。すっと染み込んで、乾燥した肌がみるみる潤いを取り戻し、しっとりします。味噌づくり体験で山﨑糀屋を訪れた方たちも、みんなびっくりします。

こうした大豆の女性を美しく保つ機能に、糀による整腸機能や代謝調節機能が加わるわけですから、味噌がいかに女性の美に強い味方であるかお分かりでしょう。

毎日一杯で良いので、味噌汁をいただくこと。繰り返しになりますが、大事なのは「生きている味噌」をとることです。

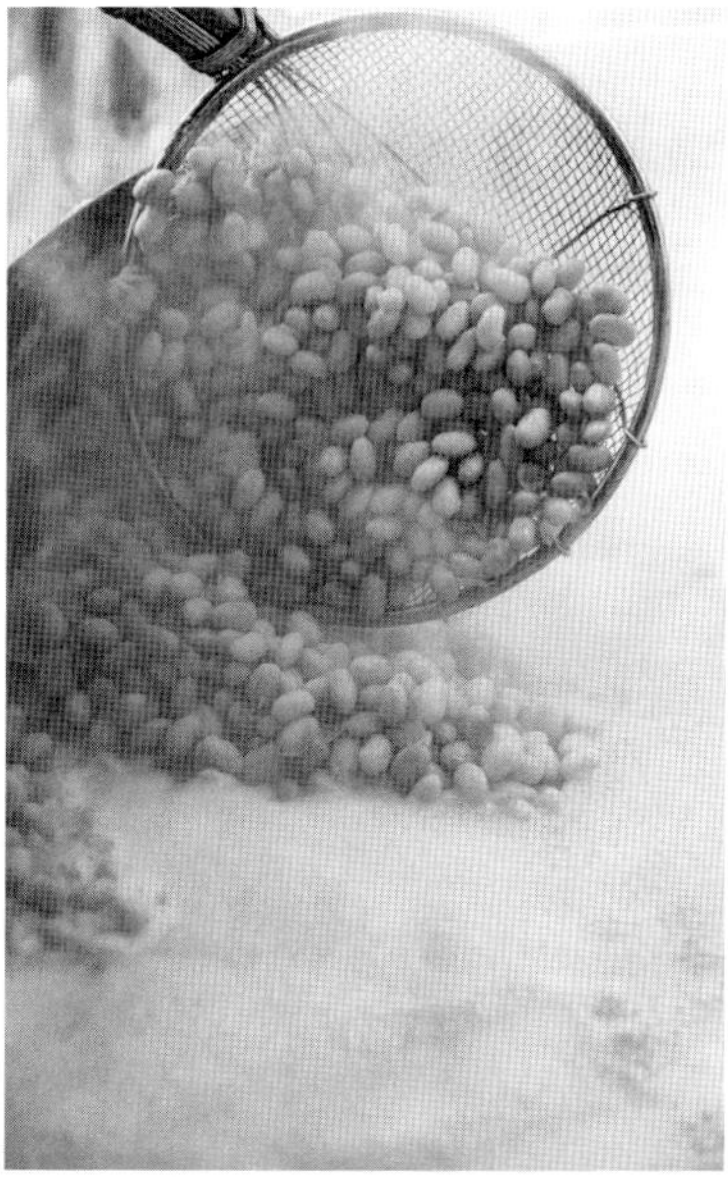
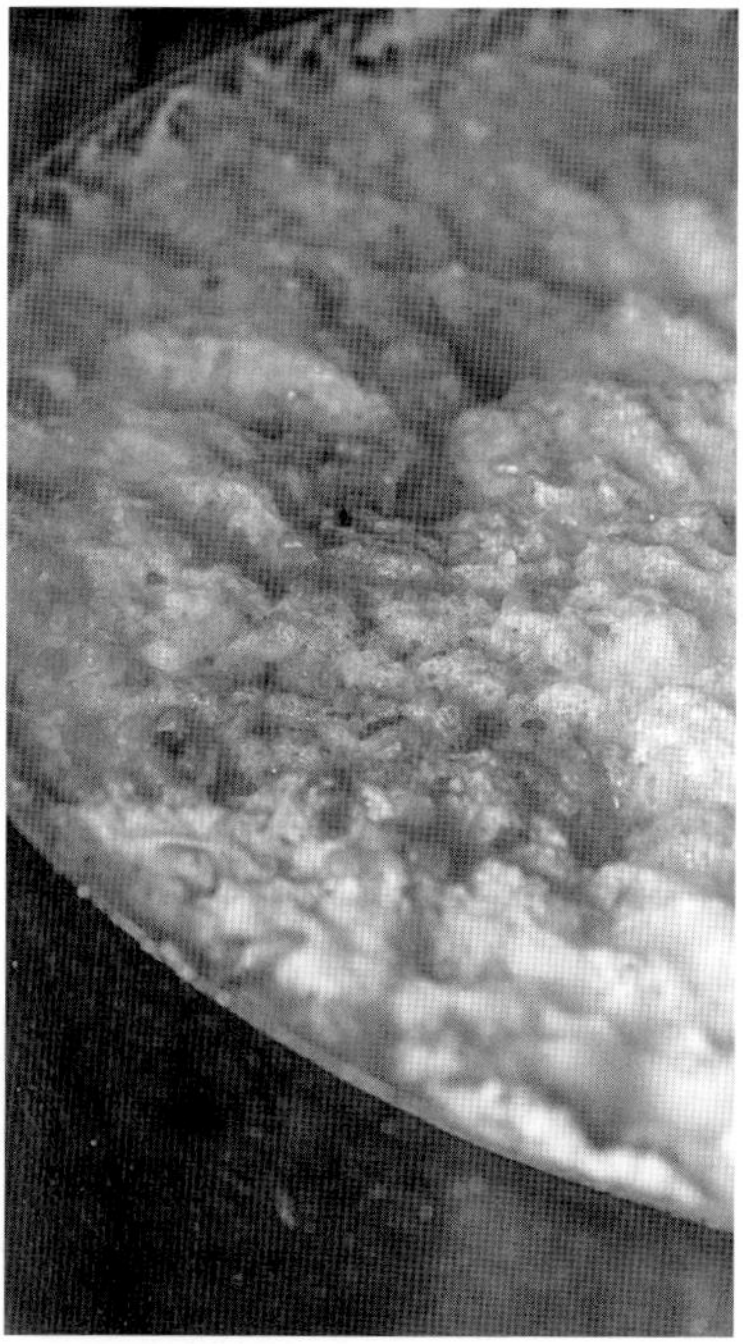

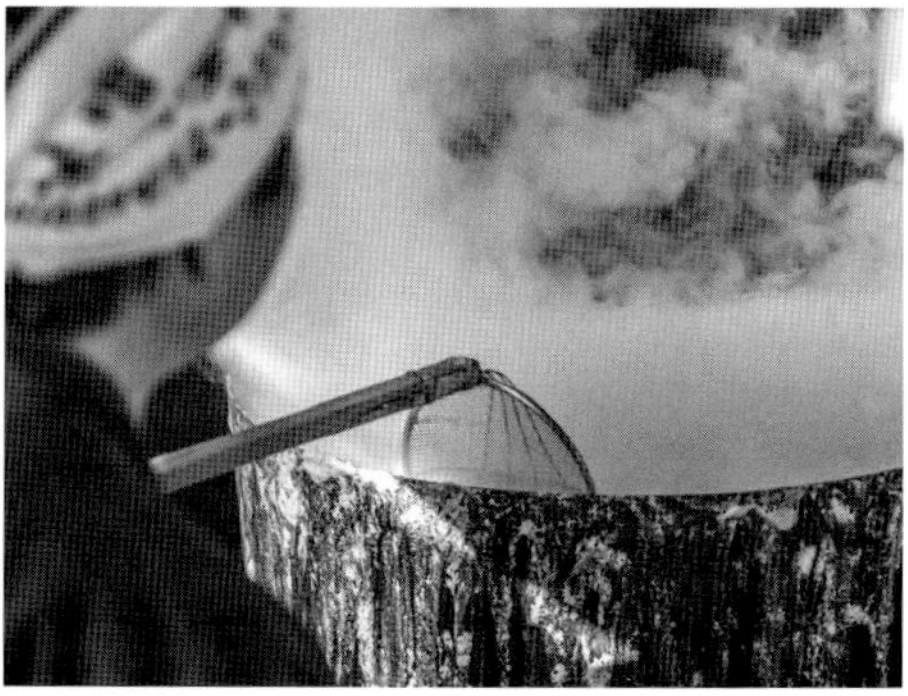

山崎糀屋のこと

山崎糀屋のこと

糀と味噌の関係

私で6代目となる山崎糀屋は、ここ津川（新潟県東蒲原郡阿賀町）で明治元年に創業しました。

「糀屋」と聞いて、今の若い人たちはどんなことを思い浮かべるのでしょうか。

津川には山崎糀屋の他にも糀屋があるし、「糀屋」の看板を掲げている商店は日本各地に今でも見られます。「今と違って、昔は各家庭で日常的に糀が消費され、多くの需要があったから商売が成立していたのかな」と思うかもしれません。

一方で、今でも日常的に消費されている味噌、それを売る「味噌屋」の看板を掲げる店はあまり見られないと思います。工場で生産する味噌メーカーは多数存在しますが、手づくり味噌を売る店に味噌屋の看板はほとんどありません。

昔も町にはあまり「味噌屋」がありませんでした。それは、なぜか。味噌は各家庭で仕込むのが一般的だったからです。自分や自分の身の回りの物を誉めそやすことを例えた慣用句「手前味噌」は、まさに、自分の家で仕込んだ味噌のことです。しかし、全ての家庭で味噌を仕込んでいたわけではありません。どうしていたかといえば「糀屋」に米と大豆を持ち込んで「仕込み味噌」にしてもらい、糀屋の仕込み味噌を各家庭で保存し、熟成させていたわけです。

今でも寒の時季に、山﨑糀屋は糀と大豆で仕込んだ熟成前の仕込み味噌を売っています。スーパーなどで売り場に並んでいる味噌を購入するのが当たり前の現代でも、自分で「育てた」味噌を使いたいという意識をお持ちの方たちが一定数いらっしゃるのです。

味噌は生きている食材。ちゃんと貯蔵すれば、発酵・熟成が進んでさらにおいしくなり、健康機能もますます高まります。もちろんそれは「生きている味噌」でなければ不可能な話。高温で加熱処理された味噌では、発酵させることができません。

大豆を煮るのに薪火を使う理由

山崎糀屋の味噌づくりは、昔ながらの製造方法を守った天然醸造です。山崎糀屋オリジナルの黄糀と煮た大豆（新潟県産の品種・エンレイ）、塩（天日乾燥させた赤穂の天塩）だけをまぜて、攪拌《かくはん》するシンプルなつくりかたです。シンプルですが、使う素材には妥協しません。一番良いと思うものを使います。

発酵食品をつくるために一番大事なのは、徹底した温度管理です。微生物の活動によって成立する発酵食品ですから、それらが死んでしまうような高温で処理すると台無しです。「温度管理＝火力を御すること」と考えれば、味噌に使う大豆を煮る時も同じ考え方です。

山崎糀屋では、大豆を煮る時、薪に火を起こして、そのとろ火で大豆を煮ています。火力の強いガスや圧力釜を使った方が効率的だと思います。なにせ大豆を煮てやわらかくするだけで、半日以上もかかります。

それでも薪火を使うのは、仕上がりが全然違うからです。薪のとろ火でじっくり時間をかけると、大豆は芯からやわらかく、ふっくら仕上がります。煮ムラもありません。薪火で煮た大豆は、親指と小指でつまんで軽く押すと、ほろっと崩れるように潰れます。これが薪火の遠赤外線効果。内側からじっくり熱が通っていくので、ここまでやわらかくなるのです。低温で煮ているので大豆の栄養素も保てます。

薪火でとろとろ豆を煮ていると、表面に真っ白な泡がぶくぶく浮かび、寸胴鍋の外に噴きこぼれてきます。この煮汁には大豆由来の、いわゆる植物性コラーゲン、抗酸化力のある大豆イソフラボンがたっぷり含まれています。煮汁を肌にさっと塗ると、すーっとなじんでつるつる、すべすべになりますよ。糀とまぜる時に、この煮汁も戻します。

世界に一つだけの糀

山﨑糀屋がつくる糀は「黄糀」です。私の認識では「一般的な糀屋でつくられるのは白糀、酒屋でつくられるのが黄糀」となっています。「味噌屋の白糀、酒屋の黄糀」といわれることもありますが、日本の酒蔵の多くは白糀を使っているようですね。一方で、焼酎蔵では黄糀を使うところが多いと聞きます。

「こうじ菌」というカビがつくる米こうじですが、大きく分けて2種類「白糀」と「黄糀」に分かれます。これが全てのこうじになりますと「紅こうじ」や「黒こうじ」など、9種類以上に広がります。

山﨑糀屋で糀に使う原料米は新米のコシイブキ。契約農家さんが栽培した新米だけを使います。コシイブキは新潟県産の食用米で、そのまま炊いて食べても、ふくよかな甘みがあって大変おいしいお米です。

「こうじ菌を培養するには、古米の方が良い」という人もいます。ただ私は、機能や成分に違いがないのであれば、食べておいしいに越したことはないと思っています。

山崎糀屋の黄糀は一般の白糀よりも糖度が高く、発酵力が強いです。ではなぜ山崎糀屋にだけ、こんな糀ができるのか。

元々、天然醸造の糀は種こうじ（もやし）を米に培養させてつくるものですが、空気中の乳酸菌や、その家に昔からすみ着く酵母など、微生物は他の場所にはありません。その家にしかないのだから、おのおの世界に一つだけ。全く同じものは他に存在しないから、オリジナルというわけです。

山崎糀屋の黄糀を、とある食品メーカーの検査機関で調べていただいたことがあります。結果は驚くべきものでした。検査の結果、山崎糀屋の生黄糀に驚きのスコアが出たのです。

	一般		山崎糀屋
	（A）常温保管	（B）冷凍保管	（C）生黄糀
乳酸菌	4,000万個/g	6,000万個/g	1億7,000万個/g
カビ・酵母	5,000個/g	400万個/g	4,000万個/g

「生黄糀」の微生物検査で出た驚きのスコア

この時はスーパーなどで販売されている「常温保管されている普通の糀（A）」「冷凍保管されている他の糀屋の糀（B）」「山崎糀屋の生黄糀（C）」という3種類を持ち込み、比較調査を行っていただきました。

まず、乳酸菌の個体数。（A）は1g中に4000万個、（B）は6000万個でした。一方で、山崎糀屋の生黄糀は1億7000万個と一桁違う乳酸菌が検出されました。乳酸菌の個体数が多いということは、生きたまま腸に届く可能性も高くなりますし、乳酸菌のつくりだす有用成分も多いというわけで、腸活機能の高さが備わっている証しです。

次にカビ（こうじ菌）・酵母の数。常温保存の（A）は1g中5000個。冷凍保存の（B）は400万個。この差だけ見ても「生きている食べ物」と「死んでいる食べ物」の違いは一目瞭然。「加工食品ばかりに頼らず、生きている食べ物を食べなさい」と私が言うのは、こういう理由からです。

ちなみに、山崎糀屋の生黄糀（C）は1g中にこうじ菌・酵母の数が4000万個。生きた糀の中にあっても桁違いの菌数であることが分かります。

私が生黄糀を検査に出したのは「いつか生黄糀を使ったサプリメントを開発したい」という思いがあったからです。サプリができれば、今よりもかんたんに糀の栄養を取れます。その上で、こちらのメーカーにサプリメント製造（OEMの請け負い）をお願いしようと思っていました。

でも残念なことに、この時は断られてしまいました。

「生黄糀に含まれる菌数が高すぎて、機械の耐用年数や他のラインにまで影響が出てしまう可能性があるから」とのことでした。

断られてしまったのは残念ですが「うちの生黄糀は本当にすごい」と再認識できた喜びもありました。

明治創業・山崎糀屋の糀づくり

糀は夏の暑い時季を除き、わりと時季を選ばずつくられています。最適なのは11月～２月の間。すみ着いている他の微生物が活動しにくい時季だからです。

糀をつくるため、まず最初に原料米を蒸します。原料に古米を使っているところもあるようですが、山崎糀屋では食用のコシイブキ、それも新米を使います。理由は単純。いつ食べてもおいしいお米で仕込んだ方が、おいしい糀ができるでしょう。

さて、米を蒸したら今度はそれを「糀室《こうじむろ》」に入れます。この時、糀室の室内は湿度１００％近くになっています。カビの一種であるこうじ菌にとって、好適な環境をつくっているわけです。また、室温はこうじ菌が活動しやすい温度帯30～40℃に設定されています。発酵が進むと、いわゆる「発酵熱」によって、ものすごい熱が放出され、一気に室温が上昇してしまうので、温度管理には細心の注意が必要です。

その後、蒸し米に種こうじ（もやし）を付着させ、こうじ菌を培養します。製麹《せいきく》と呼ばれる工程です。蒸し米にこうじ菌が繁殖すると、涼しい部屋に移して粗熱をとり、一昼夜置いたら完成。糀室にはおよそ1日寝かせますが、その間に何度か天地返しもしなければなりません。寒い時季はまだ良いのですが、春先から初夏にかけては、うだるような暑さになりますから、なかなか過酷な仕事です。

糀は蒸し米にこうじ菌（種こうじ）を培養してつくります

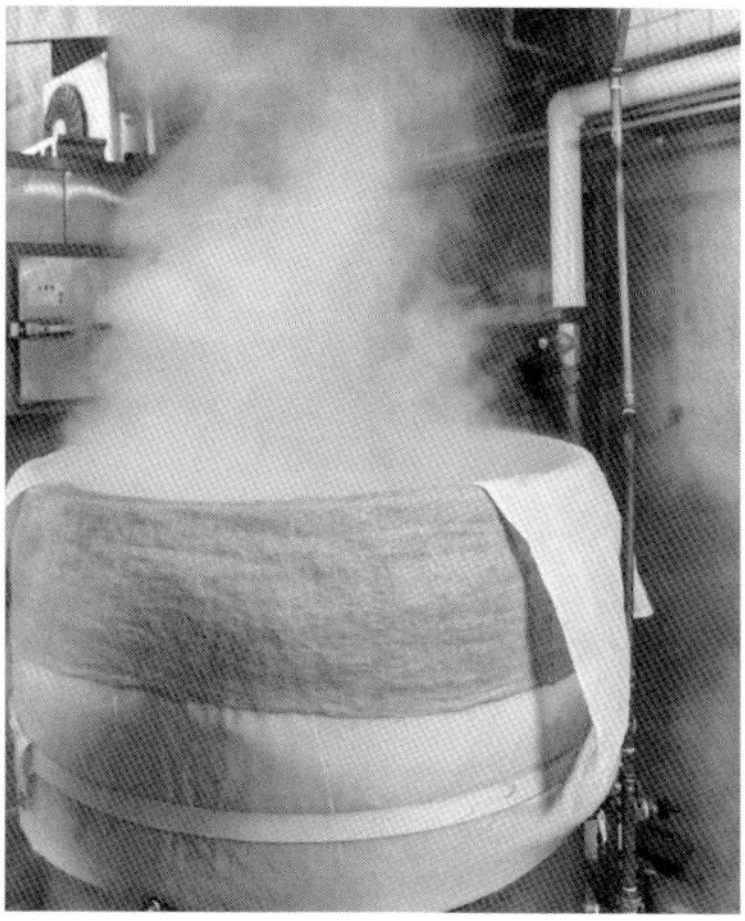

生きた食べ物を、生きたままに

山﨑糀屋では「生黄糀」をはじめ、「津川ふるさと味噌」「塩糀うんまいな」「生甘さけ」「身欠にしんの糀漬」など、糀にまつわる日本の伝統食を売り場に並べています。

考えてみると、山﨑糀屋の売り場に並ぶ商品は、全て発酵が進行中か、あるいは微生物の活動が冷凍により眠っている状態のものばかり。高温で熱処理したものは一つもありません。

看板商品の生黄糀と生甘さけは、冷凍で販売しています。これは、こうじ菌が眠った状態です。生黄糀は開封後、ペットボトルに移し替えると、ほぐされても保存できるから便利です。塩糀は常温保存でも大丈夫。味噌も基本的には常温の冷暗所で保存すれば大丈夫ですが、冷蔵で販売しています。

山﨑糀屋の生黄糀は、お買い上げいただいたお客さまの口コミで広まっています。おかげさまで、今では全国からご注文をいただいています。通信販売もしていますが、遠方からわざわざご来店されるお客さまも多くいらっしゃいます。津川のローカル・スローフードがこうして広くご支持をいただいているのは、本当にうれしい限りです。

初めてご来店されるお客さまに「今年76歳になります。もう4年すれば80歳ですよ」と話すと、皆さん一様に驚かれます。自分で言うのは照れくさいですが、糀や発酵食品、日本の伝統食のおかげで若々しさを保てているのは、間違いないところ。糀の素晴らしさを、より多くの人に知っていただきたいですね。

糀の文化を未来に語り継いでいきたいのはもちろんのこと、私は糀食がもっともっと広まれば、未病対策につながり、今は膨らむ一方の日本の医療費を抑えることができると本気で思っています。

そのためにも、この文化を広めていく「糀アンバサダー」という役目を、少しでも長く務めていきたいと思います。

山﨑糀屋のホームページでは「糀水」のつくりかたから、糀甘酒、塩糀など手軽な糀レシピを動画で公開しています。「店の商品でもある甘酒や塩糀は、わざわざ教えず買ってもらえば良いのでは」と言われることもあります。でも、糀の文化が広まって、みんなが糀を食べるようになってくれれば、そんなのは些細《ささい》なことだと思うのです。糀の良さはみんなで共有するのが良いでしょう。

この年齢になっても毎日お店に立ち、週1回配達に回り、セミナーやワークショップをこなしていけることが本当に幸せです。

からだに合った食べ物

世界を旅して見た風土と食文化

日本人の日々の食卓が西洋化し、伝統的な和食を口にする割合が減っているのは、皆さんも感じているのではないでしょうか。こう言うと「年寄りは昔を美化するくせがある」といわれそうですが、これこそ核心だと考えています。

人のからだのつくられかたは、その土地が持つ環境に大きな影響を受けます。西洋人は西洋の食べ物に合ったからだ、肉食や乳製品に合ったからだになっているといわれますし、日本人は長年親しまれた和食が合ったからだになっているといいます。

「身土不二」なんて言葉もありますが「からだにとって、その土地の食べ物を食べる食習慣が一番適している」これは私が世界14カ国を旅行して強く感じたことです。

民族や人種によって体質が異なる

日本人と西洋人、もっというと、民族や人種によって腸のつくりや消化能力が異なるといわれています。西洋人、東洋人だけでなく、灼熱のアフリカに住む人、極北イヌイットの人たち、南米アンデスの高地で生活する人…消化吸収する器官の強さが違うということです。

ケニアでマサイの集落を訪ねたことがありますが、私が訪れた時、彼らの主食は「牛の生き血」でした。それを毎日飲むわけです。他に何を食べるわけではないようでしたが、ご存じのとおり、彼らは抜群の身体能力で、栄養が欠乏している、偏りがあるようには見えませんでした。

イヌイットの人たちはアザラシの肉が主食でした。北極圏ですから農産物はとれません。ビタミンもタンパク質もアザラシからです。

マサイの人たちの食生活に驚愕

そんなに動物性脂質ばかりとっていては血管が詰まる原因になるのでは…とお思いでしょう。しかし、水中の生き物の脂は固まらないといわれます。したがって、たくさんとっても血管詰まりの原因にはならないようです。

でも日本人の私たちが、いきなりこのような食生活をしろといわれても無理です。置かれた環境に適するように、消化吸収器官が別のようにつくられているからです。

イヌイットの食生活に「なるほど」

積極的に取りたい オメガ3脂肪酸

余談ですが、ここで触れたいのが、サバやイワシなど青魚に含まれる脂肪酸「DHA」「EPA」のことです。

これらは必須脂肪酸といわれ、最近注目されているオメガ3脂肪酸の一種です。これを積極的に取りましょう。

食習慣と腸の変化

元々日本人の腸は、欧米人の腸と比べて長く柔軟性があったそうです。近代、食習慣が西洋化し動物性タンパク質、脂肪を取る割合が各段に多くなり、日本人の腸は短く硬くなってきたといいます。

そう考えると、肉食主体でパン食、牛乳、バター、チーズという乳製品は元々日本人の消化吸収器官に合っていないと思いませんか。元々私たちのからだはこれらをうまく消化吸収する腸のつくりではないように思います。

牛乳は骨も強くする? 日本人のからだに合った食べ物

「牛乳はカルシウムが豊富」といわれますが、牛乳や乳製品を積極的にとるようになった現代人は、昔の日本人より骨が丈夫になっているのでしょうか。

「骨を強くするために牛乳をもっと飲もう」といわれますが、乳製品を常食する欧米人は骨粗しょう症の発生率が高く、日本人は骨が弱くなっているといいます。

日本食、和食が万能だとは思いません。ただ、日本人のからだには、日本の気候・環境の中で生まれた伝統的な日本食が合っているのではないでしょうか。

私について

私について

発酵食品と津川

山﨑糀屋は新潟県東蒲原郡阿賀町、旧町名で津川という土地で商いをしています。明治の戊辰戦争以前は会津藩の領内で、当時は日本有数の川湊、交通の要衝として知られていました。江戸時代は新潟港であがる北前船の物資を水運で津川まで運び、そこから陸路で会津のお城に持ち込まれていたとされます。

江戸末期に日本を旅したイギリス人女性旅行家イザベラ・バードも、その紀行の中で津川に立ち寄って、漬物を口にしています。津川を語る上で、発酵食文化は絶対に外せないものだといえるのです。

その時代から根付いている会津の郷土料理に「にしんの山椒漬け」があります。海から遠い会津にとって、北前船が運ぶニシンは貴重な海産物。貴重なタンパク源として保存されていたわけです。

津川には山崎糀屋の他にも、古くから糀屋を営んでいる家があります。また、全国的に知名度の高い酒蔵もあります。人口規模も小さい典型的な過疎の町ですが、発酵・醸造が産業として根付いています。地政学的に見ても、発酵・醸造に適しているからだと思います。

津川には阿賀野川、常浪川という二本の大きな川が流れており、ちょうど昔の川湊の位置で合流します。その川面は季節によって濃い朝霧に覆われるほど湿度が高いのです。

そして、それは発酵食品にとって絶好の環境。特にカビの一種である「こうじ菌」にとっては、繁殖しやすい環境でもあります。上質な味噌や日本酒をつくりだす、品質の高い糀が生まれるのは、この湿気の多さからです。加えて、寒暖の差が大きいのもポイント。中山間地である津川は、日中と夜間、夏と冬の気温差が非常に大きいです。味噌や酒の仕込みは寒の時季に行われます。

また、この寒暖差は食べ物に「うまみ」を蓄えさせます。夏は暑く、冬は寒い上に湿度が高く、豪雪地帯。多くの人は嫌がる風土・環境かもしれませんが、そんな中で素晴らしい食文化が育まれているというのは、すてきなストーリーだと思いませんか。

良い発酵食品が生まれるもう一つのポイントは、水が良いということ。津川は幾重ものフィルターのような河岸段丘にあり、そこを流れる伏流水は軟水になります。

私が海外に行くとすぐにおなかを壊すのは、普段からこの軟水に慣れているから。海外の硬度が高い水に合わないのです。

料理や食品産業において、水は基本となるもの。津川の水は、大手航

空会社の国際線ファーストクラスでも使われたことがあるほどです。
何より津川に長年居て感じるのは、人間にとって呼吸がしやすい場所だということ。「人が住むのは、こういうところだなぁ」と思うのですが、同じように「呼吸をし続けることの大切さ」は、発酵食品にも共通することですよね。

糀屋に嫁いで

私が生まれたのは、太平洋戦争終戦の年。8月に長岡大空襲があり、私はその数日後に生まれました。空襲で焼け出された一家は、長岡から津川に越してきました。

津川ののどかな環境で幼少時代を過ごし、地元の津川高校を出た私は、東京で就職。横浜で偶然知り合ったのが、夫となる人でした。出会うまで全く面識はなかったのですが、聞けば実家は同じ津川で、しかもすぐ近所の家。なんという偶然でしょうか。彼の実家が山﨑糀屋だったのは言うまでもありません。23歳の時、私は山﨑糀屋に嫁ぎました。

山﨑家は津川では資産家として知られ、私が嫁いだ頃の本業は炭問屋で、関東や関西に出荷していました。それが昭和30年代から40年代の燃料革命によって炭が全く売れなくなり、細々と商っていた糀が中心になっていきました。

当時、市中に味噌屋はなく、糀屋で糀を買って、家で味噌をつくるのが当たり前でした。そこで、山﨑糀屋では糀を売るだけでなく、味噌の仕込みを代行する「仕込み味噌屋」を始めました。当時の当代だった舅《しゅうと》さんが商才のある方だったのです。

お客さまが山﨑糀屋で仕込み味噌を買い、それを家で熟成させるスタイルが定着していきました。

山﨑糀屋は代々婿取りの家で、姑《しゅうとめ》さんとさらにその上の大ばあちゃんに、人生で大切なたくさんのことを教わりました。恩師ですね。

そんな姑さんや大ばあちゃんに、糀の仕込みや甘酒のつくりかた、野菜の漬けかたなどを教わりました。かまどでご飯を炊いた後、その余熱で糀を入れた鍋を温めて、甘酒をつくる方法。ニシンの糀漬けをつくるとき、野菜を一緒に入れると、一緒に入れた野菜もおいしく漬かること。伝統食の数々を教えてもらいました。

こうした先人の知恵は、山﨑家の年長者だけでなく、津川の多くのおばあちゃんたちからも伝授されました。私がこの年齢になって「糀の良さを本にして、たくさんの人に伝えたい」と思うようになったのも、大切なことを教わってきたことがきっかけになっています。

本当に大切なことは、次世代にしっかり伝える。それが「伝えてもらった者」の務めだと思ったからです。

持続可能な社会に向けて伝えたい「生きた食べ物」

自分でも思うのですが、常にアクティブに生きてきました。元来その場所にじっと止まっていることが苦手で、女将を継いでからも、さまざまなことにチャレンジしました。

例えば、世界中の人たちがどんなものを食べて、どんなからだの仕組みをしているのかが知りたくて、海外14カ国を歩きました。

また、40代後半から50代にかけては本当に忙しい毎日を過ごしました。

当時、磐越《ばんえつ》自動車道の建設工事が行われており、津川にも多くの関係者が滞在することになりました。田舎町ですから、当然、宿舎が足りません。そこで私は、その方たちが住むアパートを建てました。バブル末期で金利はとても高かったのですが、借り上げの家賃だけで運用できる計算でした。

さらに、糀屋の向かい側にスナックを開き、ママとして店に立ちました。田舎町で遊びに行くところもありませんので、毎晩多くのお客さまでにぎわったものです。

それだけではありません。津川町議会議員も一期務めました。自分がやろうと思ったことは、周囲に迷惑がかからない限り、全てやりたい性格なのです。

その結果、本業の糀屋女将、アパート経営、スナックのママ、議会議員という四つの異なる仕事を同時にこなさなければならなくなりましたが、それでも「今日は疲れて何もしたくない」と思うことはありませんでした。むしろ、楽しささえありました。

今振り返っても呆れてしまうような状況でしたが、こうした気力・体力が続いたのは、私が長年、糀をはじめとした発酵食に携わり、日々これを口にしてきたおかげだと感じています。

だからこそ「日本の伝統食や和食こそ、日本で生まれ育った私たちのからだにとって最適である」ということを、次世代に伝えていくことが必要だと思っています。

SDGs《エス ディー ジーズ》（持続可能な開発目標）が国連サミットで採択されてから「持続可能な社会づくり」を目指す動きが定着しました。こうした「次世代を考えた社会づくり」は大変素晴らしいことです。

そして、こういった話題においても「食と健康」に関わる内容は見受けられます。

例えば「飢餓をゼロに」「つくる責任、使う責任」。

ここには食料廃棄の問題も含まれていますし、つくり手側の環境保護に対する義務や責任も当然あります。

山﨑糀屋では味噌の仕込みで大豆を煮る時に、薪火でじっくり炊き上げます。これはゆっくり加熱することで、大豆の芯までやわらかくすることなど、味噌の品質への配慮もありますが、廃材や間伐材を使って火をたくことで、森林保護に少しでも寄与したいという思いもあります。

近年、間伐がされなくなるなど、整備の手が入らない荒れた森林が多くなりました。そのため、森林がその機能を充分に発揮できなくなっているともいわれています。

元々津川の町は、古くから炭焼きが産業として根付いていた土地。山﨑糀屋のルーツも炭問屋です。そうした先人の育んだ文化を忘れてはいけないという思いも、薪火による味噌づくりを続ける意味に含まれています。

私は「伝統ある食文化を次世代に伝えること」が「持続可能な社会づくり」の一端だと考えています。

一時期、広い学びも必要と考えて、さまざまなメーカーの味噌づくりを見学して回りました。どの工場も立派な設備で、実に効率的な生産体制がとられていました。

ただ、私は「やりたいのはこういう味噌づくりではない」とはっきり確信しました。

味噌は元々、各家庭でじっくり熟されていたものです。「早くつくって、早く出荷する」という方法に違和感を覚えたのです。また、流通の都合で加熱や圧力による加工・調理が必要になっていること。そうして食べ物の「生」を奪ってしまうことで「からだのためになる食べ物」とはいえなくなってしまうと思ったのです。

私が次世代に伝えたいのは「生きている食べ物をとることで、からだを整える」という食文化です。

おかげさまで75歳になった今も、すこやかに、前向きに、毎日を過ごしています。

毎日のようにお店に立っていますし、週に一度は30キロ以上離れた新潟市へ配達に出掛けます。もちろん、糀や味噌の仕込みもしています。

プライベートでは、70歳を過ぎてから競技スキーをはじめ、シニア選手として大会に出場しました。趣味だったゴルフはやめましたが、クラブを鍬《くわ》に持ち替えて、毎日畑仕事に精を出しています。私の伝えたい「食」は、全て「農」の延長線上にありますから。

73歳の頃ですね。ちょっとうれしい驚きがありました。健康診断で体内年齢が49歳、骨年齢が45歳と診断されたのです。「日本人は乳製品に頼らない方が、骨は丈夫になる」と信じてきた私にとって、実にうれしい結果でした。

おかげさまで今のところ、からだに悪いところはありません。これは本当に幸せなことで、糀をはじめとする日本古来の食文化に感謝しています。

2021年（山﨑京子75歳）
三川スキー場にて

糀はどなたでも、かんたんにはじめられる健康食です。しかも圧倒的な効果が期待でき、食材や料理を各段においしくします。まだ糀の良さを知らない方は、ぜひ出合ってください。そして一人でも多くの方に教えてあげてください。

加工食品の過多が日本人を弱くした？

便利さと安さの裏側 日持ちすることの意味

今の世の中は、世界中のありとあらゆる食べ物がかんたんに買えて、手に入る時代です。それだけでなく、新しい食べ物もどんどん生まれていますね。

家庭で手軽に楽しめる世界の味、インスタント食品やレトルト食品など、食べ物の加工技術は日々進化しています。

大量生産、大量流通の加工食品を多くとるようになったということ。これも日本人の食生活の変化といえます。

加工食品を大量につくるには高温処理が、レトルト食品などは高温に加え、高圧による調理が一般的だと思います。利益を考えると効率性、流通を重視すると保存性が求められますから、高温による加熱調理が避けられないところもあるのでしょう。

でも「こんなに日持ちするの？」という商品を売り場でよく見かけるようになったと思っています。

それはつまり、保存性を高めること。また、低コストで本物に近い味を出すために、化学合成添加物がたくさん使われているものが増えているということではないでしょうか。

生きた食べ物 日本伝統の和食

高温で短時間のうちに加熱される加工食品は、残念ながら「生きた食べ物」とはいえません。こうした加工で壊れる栄養素も多いためです。

発酵食品であれば、微生物の活動そのものが死んでしまい、発酵・熟成によって生み出される、からだにとって有用な成分が死んでしまいます。特に、野菜や発酵食品においては、からだに有用な働きをする酵素が死んでしまうのは、大きな損失です。

語り継ぎたい伝統的な食文化

最近の発酵食ブームで、味噌に調味料や具材を入れ、丸めてつくる「味噌玉」が注目されています。

この味噌玉は、かつて各家庭でもつくられていました。大豆を煮て、糀と塩と合わせて仕込み味噌をつくり、それを団子状に丸め、わらを編んだものに結って軒先につるして干します。

こうすると発酵や熟成が進むにつれ、表面に酵母がついて白くなります。この酵母こそが、さらなるうまみと健康効果をもたらすわけです。

こうした伝統的な食文化は、ぜひ後世に語り継いで欲しいものです。

正しい、正直な食べ物と日本人のからだ

豊かな時代――。加工技術の進化は、それはそれで大変結構なことだと思います。

一方で、昔ながらの自然食、手づくりの味、旬の時季しか食べられない食べ物…そのありがたみが失われているとすれば、それは「食文化の醸成」とはいえないでしょう。

昔ながらの製法で、手間暇をかけてつくりあげた食べ物は伊達ではありません。

そうした「正しい」「正直な」食べ物が日本人のからだをつくってきたのだと私は考えています。

昔ながらの日本食がもたらすもの

以前、山形県酒田市の「庄内米歴史資料館」を訪れた時、一枚の写真に目を奪われました。

昭和初期に撮影された写真でした。うず高く何段も重ねられた米俵を、二人の小柄な女性が背中に背負っている姿が写っているものです。「昔の日本人女性は、こんなにパワフルだった」と強く印象に残った写真でした。

私はその写真の背景に、質素ながらも「正しい日本の食事」があったに違いないと思うのです。

いくつもの時代を経て、長い時間をかけてその地に醸成されてきた食文化は、そこに生きる人たちのからだをつくってきた「正しい、食べるべきもの」だと思うのです。

それは、その時の流行や効率化、利益追求などにゆがめられることなく食べ続けられてきたものです。農耕民族である日本人の場合、その答えはやはり田んぼや畑という農地にある食文化だと思うのです。

山崎糀屋
山崎糀屋

糀をはじめる

糀水

消化酵素たっぷり！
毎日飲むとすてきな変化が

糀の成分が溶け出し、驚くべき機能を発揮する「糀水」。糀に含まれるビタミンB群などの栄養素、抗酸化物質、消化酵素や乳酸菌なども含んでおり、骨粗しょう症予防や抗がん作用、腸内環境の改善や免疫力アップも期待されます。かんたんにつくれるので、習慣化しましょう。また、飲むだけでなく、肌に塗るとつるつるのみずみずしさが。天然素材の化粧水としてもご使用いただけます。

つくりかた

｜材料｜　糀　100ｇ
　　　　水　500cc

｜1｜不織布で糀100ｇ（カップ1）を包む。

｜2｜ボウルに｜1｜を入れて水500ccを注ぎ、約8時間冷蔵庫で寝かせて、完成。最後に糀の入った不織布をぎゅっと絞る。

＊ペットボトルや水筒に入れて持ち運び、1日500ccを目安に摂取する。

不織布は三角コーナー用のものが使いやすいです。糀は3回ほど繰り返し使用できます。使い終わったら、お風呂に入れて入浴剤にすると、からだが温まり肌がすべすべになりますよ

糀甘酒

飲む点滴と呼ばれる、美と健康の源。
糖類不使用でも甘くておいしい

糖類を使わず糀だけでつくった甘酒は、ノンアルコールで米由来のすっきりした甘さが特長。ホットでも冷やしても大変おいしくいただけます。糀水同様、糀の成分によるさまざまな機能が期待されます。さらに、ブドウ糖やオリゴ糖、アミノ酸などにより、代謝アップや疲労回復、食物繊維が腸内を整え、ダイエット効果や脳の活性化、免疫力アップが期待されます。

つくりかた

｜材料｜　糀　200ｇ

ぬるま湯（約40℃）
400cc

｜1｜炊飯器の内釜にほぐした糀を入れ、かぶるくらいのぬるま湯を入れる。

｜2｜炊飯器の「保温モード」で約10～15時間保温する。この時、炊飯器のふたと本体の間に、割り箸を一本挟んで隙間をつくること。途中で1～2回ほどかきまぜる。

｜3｜米の芯がなくなりトロトロになって、甘みが出たら完成。

お湯の温度には気を配ってください。お湯が熱すぎたり、炊飯器のふたを閉めて完全に密閉してしまったりするとこうじ菌が死んでしまいます

塩糀

常温保存できる万能発酵調味料。
使えば誰でも料理上手に

塩糀は冷蔵庫のない時代、塩の代わりに使った調味料です。糀に含まれる酵素がタンパク質をアミノ酸に分解するため、食材がやわらかくなり、うまみを増します。あまり難しく考えずに、お塩の代わりに使えば大丈夫。食材の漬け込みだけでなく、炒め物や煮物にも。使い勝手抜群で手軽に糀を楽しめる、基本のレシピです。

つくりかた

｜材料｜　糀　500g

　　　　　塩　200g

　　　　　水　200cc

｜1｜糀、塩、水を密閉容器やポリ袋などに入れ、まぜ合わせて常温で発酵させる。

｜2｜糀の芯がなくなり、粒がやわらかくなったら調味料として使用できる。

熟成・発酵させる必要があるので、夏でも常温保存してください。味噌のような色に変わっても使えます。さらにうまみが増している状態です

01 野菜ソムリエプロ
原 早苗先生のレシピ

ニンジンとリンゴの甘酒スムージー

酵素×酵素でベジフル腸活！
毎朝飲んで内側からキレイに

気軽にはじめる朝活習慣におすすめの甘酒スムージー。糀と野菜、フルーツの酵素により、代謝アップや肌質改善が期待されます。ノンアルコールの甘酒で、朝の忙しい時間も、家族みんなでスピードチャージできます。

つくりかた

|材料|（２杯分）

リンゴ　1/4 個

ニンジン　50g

レモン薄輪切り１枚

山崎糀屋の甘酒

「黄糀だけの生甘さけ」50g

水　80cc

|１|具料を一口大にカット。全てをミキサーで攪拌し器に注いだら、できあがり。甘酒は冷凍のままミキサーに入れて OK。

＊季節の果物や水の代わりに、豆乳を使ったスイーツ感覚のスムージーや、大根、ショウガを使ったホットスムージーなどでも。アレンジ自在。

ニンジンとリンゴの甘酒スムージー

糀をはじめる

01　野菜ソムリエプロ
原 早苗先生のレシピ

02 発酵料理研究家
石澤清美先生のレシピ

塩糀ドレッシングのジャーサラダ

かんたん・おしゃれな発酵ジャーサラダ

塩糀でつくるドレッシングは応用の幅が広く、手軽でとっても便利。野菜やフルーツとの相性もバッチリで、ビタミン豊富に発酵食を楽しみたい人におすすめです。ジャーサラダならかんたんにつくれて、テーブルに映えるので、パーティーメニューにもピッタリ。

つくりかた

｜材料｜(2～3人分)

＜塩糀ドレッシング＞

塩糀　小さじ2

米酢　大さじ1

オリーブ油　大さじ2

コショウ　適宜

＜具材＞

きゅうり　1本

ニンジン　1/2本

ミニトマト　8個

ブロッコリー　1/4株

伊予柑、オレンジ、リンゴなどから　1個

トッピング野菜（紅芯大根など彩り野菜）　適宜

｜1｜塩糀ドレッシングの具材を全てまぜ合わせる。

｜2｜きゅうり、ニンジンは細切り、ミニトマトは半分に切る。ブロッコリーは小房にわけ、茹でておく。果物は皮をむいて、食べやすく切っておく。

｜3｜ジャーの一番下にドレッシングを入れ、きゅうり、ニンジン、ミニトマト、ブロッコリー、果物の順に入れる。硬い順に入れるのがコツ。

｜4｜ふたをして振って、ドレッシングをなじませる。冷蔵庫に入れる。食べる時は皿にあけ、まぜて盛りつける。トッピング野菜をのせる。

03 国際薬膳食育師
高津もろみ先生のレシピ

熟成鮭と生黄糀の香り寿司

発酵熟成の折り重なりが
芳醇なおいしさ

糀、酢、熟成鮭（鮭の酒浸し―新潟県村上市の伝統食材）という発酵食品3点のコラボで、奥深くも上品な味わいに。アミノ酸が凝縮した鮭のうまみが糀によってさらに引き出され、醸された芳醇《ほうじゅん》な香りが楽しめます。一般的なすし酢で用いる砂糖を使わず、糀由来の甘みで自然なおいしさが楽しめます。

つくりかた

｜材料｜（3人分）
米　2合
昆布　5㎝角1枚
生黄糀　20g
リンゴ酢　50ml
熟成鮭（鮭の酒浸し）　20g
ショウガ　20g
醤油　10ml
煎白胡麻　大さじ1
青さのり　大さじ2
レモン　適宜

｜1｜リンゴ酢と生黄糀を合わせて一晩漬けておく。

｜2｜｜1｜に熟成鮭を浸し1時間置く。

熟成鮭は粗みじんに切る。

｜3｜炊飯釜に米、昆布、水（分量外）を入れて炊く
｜4｜ショウガはみじん切りにしてから、ひたひたの水と合わせて火にかけ、沸騰したら醤油を加えて煮切る。

｜5｜ご飯が炊けたら飯台に移し、｜2｜をしゃもじに伝わせながら入れ、ご飯を切るように大きくまぜ込む。なじんできたら、煎白胡麻、｜4｜のショウガを加え、うちわであおいで湯気を飛ばすように冷ます。

｜6｜6等分に分けて丸め、上部に乾煎りした青さのりを振りかける。薄切りしたレモン、熟成鮭、｜1｜の生黄糀をのせて完成。
＊熟成鮭の代わりにスルメを使っても、うまみ豊かな糀寿司が味わえる。

熟成鮭と生黄糀の香り寿司

糀をはじめる

03　国際薬膳食育師
高津もろみ先生のレシピ

レシピをご紹介いただいた先生

01　ニンジンとリンゴの甘酒スムージー

原　早苗

日本野菜ソムリエ協会認定野菜ソムリエプロ
ベジフルビューティーアドバイザー
認定料理教室「美bi・菜sai・果ka」主宰
野菜と果物の栄養価と美しい色合いを生かしたお料理で、「からだの中から美しく、食卓を華やかに」をモットーに料理教室講師、メニュー開発、レシピ提供、講演、アドバイザーなど、野菜や果物の魅力を伝える活動をしている。

02　塩糀ドレッシングのジャーサラダ

石澤 清美

新潟市内で発酵専門料理教室ラビアンローズを主宰。食育指導士、発酵料理研究家、腸ケアアドバイザーとして活動。年齢による肌の悩み、体調不良、腸内環境悪化による便秘、アトピー、花粉症、アレルギーに悩む女性のために腸活セミナー、講演などを開催している。

03　熟成鮭と生黄糀の香り寿司

高津 もろみ

「良い料（かて）を正しい理（ことわり）で作って美味しく健康に」をモットーに「高津薬膳教室」（新潟市）を主宰。自然農法産物、天然醸造調味料など良質な食材の普及と、からだに適合した食べ方の指南に努める。料理教室や薬膳セミナーの他、飲食店などの薬膳監修も手掛け「にいがた薬膳」を発信、新たな地域薬膳の創造に取り組んでいる。

糀を探す

糀を探す

山﨑糀屋のおすすめ商品

01 |

02 |
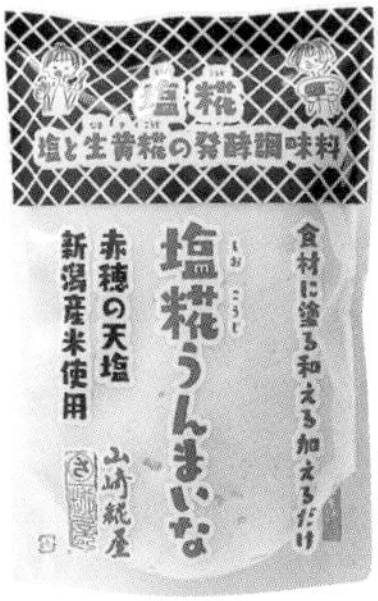

03 |

04 |

01 | 生黄糀《なまきこうじ》

新潟県産の新米コシイブキとオリジナルのこうじ菌でつくった糀。粒が大きく、芳醇な香りとうまみがあります。糀水、甘酒、塩糀、醬油糀などがつくれます。

02 | 塩糀《しおこうじ》うんまいな

保存料不使用、こうじ菌を生かした塩糀。魚や肉に使うと、驚くほどやわらかに。漬物やお味噌汁、揚げ物の下味・炒め物などに使うとおいしく仕上がります。

03 | 黄糀《きこうじ》だけの生甘さけ

アミノ酸やビタミンなど栄養いっぱいの無添加甘酒。糀の自然な甘みだけで驚くほど甘く、後味がすっきりとしているのが特長です。

04 | 糀たっぷり健美生みそ

「おいしくてからだに良い糀をもっと使いたい」そんな思いでつくった生味噌です。保存料不使用、糀を通常の２倍使って仕込んでいます。

お店の紹介

山崎糀屋

〒959-4402
新潟県東蒲原郡阿賀町津川 452
TEL 0254-92-2030

06

05

08

07

06 | 身欠《みがき》にしんの糀漬《こうじづけ》

北海道産の良質なニシンを丁寧に下ごしらえし、糀と天日塩に漬け込みました。噛むごとに濃厚なうまみが広がります。

05 | 津川ふるさと味噌

薪で国産大豆を５時間トロトロ煮た、昔仕込みの生味噌。じっくり１年以上自然熟成させた自慢の無添加生味噌です。

08 | あじあ美人ラー油入りしょうゆ糀

糀なんばんにラー油を加え、上品な辛さに仕立てました。なす、きんぴらなどの炒め物、うどん、そうめん、冷やし中華の隠し味におすすめです。

07 | 糀なんばんしょうゆ糀

糀・醤油・唐辛子でつくったピリ辛の調味料。納豆、焼肉のたれ、刺身の漬け、鍋物、豆腐、うどん、そば、味噌汁の隠し味などにお使いください。

糀入門《こうじにゅうもん》　女将が伝える糀生活

著者	山﨑京子
発行日	2021年8月4日 初版第1刷発行
企画/編集	山﨑糀屋・新潟日報事業社
発行者	渡辺英美子
発行所	新潟日報事業社 〒950-8546 新潟市中央区万代3丁目1番1号 TEL 025-383-8020　FAX 025-383-8028 https://www.nnj-net.co.jp/
監修	新潟薬科大学 応用生命科学部 重松亨
編集協力	伊藤直樹 間嶋めぐ（金魚亭）
撮影	目﨑勝典（OZONE）
イラスト	あだちあさみ
レシピ協力	原早苗（野菜ソムリエプロ） 石澤清美（発酵専門料理教室ラ ビアンローズ代表） 髙津もろみ（国際薬膳食育師）
ブックデザイン	work wonders
印刷・製本	株式会社 小 田

ISBN 978-4-86132-778-0
落丁・乱丁本は送料小社負担にてお取り替えします。
定価はカバーに表示してあります。

おことわり　糀の機能については個人差がありますので、
あらかじめご了承ください。